越玩越专注的训练游戏书

漫游美丽中国

儿童专注力提升之旅

主　编／连颖奇
副主编／李　平

6～8岁

中国科学技术大学出版社

图书在版编目(CIP)数据

漫游美丽中国 ：儿童专注力提升之旅 / 连颖奇主编. -- 合肥 ：中国科学技术大学出版社，2025.5. -- ISBN 978-7-312-06296-4

Ⅰ. B842.3-49

中国国家版本馆 CIP 数据核字第 2025ZF0843 号

漫游美丽中国：儿童专注力提升之旅

MANYOU MEILI ZHONGGUO：ERTONG ZHUANZHULI TISHENG ZHI LÜ

出版 中国科学技术大学出版社
安徽省合肥市金寨路 96 号，230026
http://press.ustc.edu.cn
https://zgkxjsdxcbs.tmall.com

印刷 安徽国文彩印有限公司

发行 中国科学技术大学出版社

开本 880 mm×1230 mm 1/16

印张 4.75

字数 59 千

版次 2025 年 5 月第 1 版

印次 2025 年 5 月第 1 次印刷

定价 42.00 元

编 委 会

主　编　连颖奇

副主编　李　平

编　委　谢露露　秦　涵　戴月枫

田滢滢　邓晶晶　柯嘉晓

文　沁

亲爱的小探险家：

欢迎加入我们的“漫游美丽中国——专注力提升之旅”！在这里，你将化身为一位勇敢的探险家，开启一段为期60天的奇妙旅程。每一天，你将完成一项挑战，每项挑战都像是打开一扇门，门后是既神秘又美丽的中国风光。你需要用你明亮的眼睛去观察、用你专注的大脑去思考、用你无限的智慧去解开每一个谜题。

而且别忘了，探险家的身体也要强壮哦！每天的运动时间就像是我们探险的小小仪式，它不仅能让你变得更加强壮，还能使你的大脑变得更加灵活。记得记录下你的运动时刻，60天后，让我们一起见证你的成长和进步吧！

启程喽，小探险家！

目　录

第1天 长城守卫者

在古代，长城守卫者驻守在长城的各个要塞和烽火台上，保家卫国。他们分为步兵、骑兵和弓箭手等。请你找一找下面四个守卫者的武器分别是什么吧！

运动时刻：跳绳

跳绳一分钟为一组，一共跳三组。
数一数你跳了多少个：

第 2 天　京剧脸谱

京剧是我国的国粹，有生、旦、净、末、丑五种角色。请你把打乱了的碎片排列好，再根据脸谱看看是哪一种角色吧！

生　　旦　　净　　末　　丑

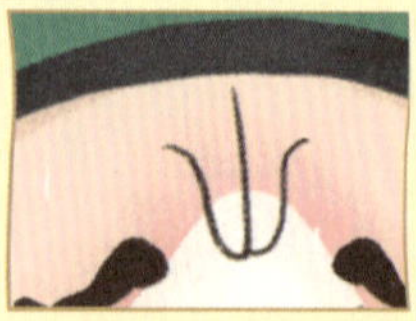

1

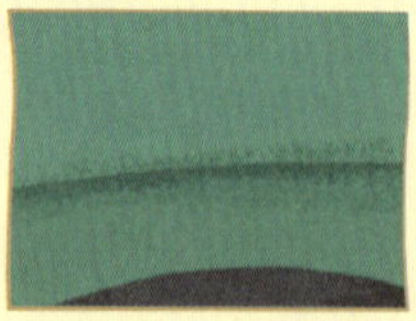

2

3

4

5

正确顺序：□□□□□

运动时刻：跳绳

跳绳一分钟为一组，一共跳三组。
数一数你跳了多少个：

第 3 天　胡同寻友记

胡同是指小街道，是北京的一大特色。豆豆要去找他的好朋友朵朵玩，请你帮助他在胡同里找到路吧！

运动时刻：跳绳

跳绳一分钟为一组，一共跳三组。

数一数你跳了多少个：

第 4 天　四合院的秘密

四合院是北京传统建筑，四周房屋围合，中间有个天井。爷爷在四合院里种了一些果子，你知道他种的是什么吗？把格子里所有的数字“3”涂上颜色，你就知道啦！

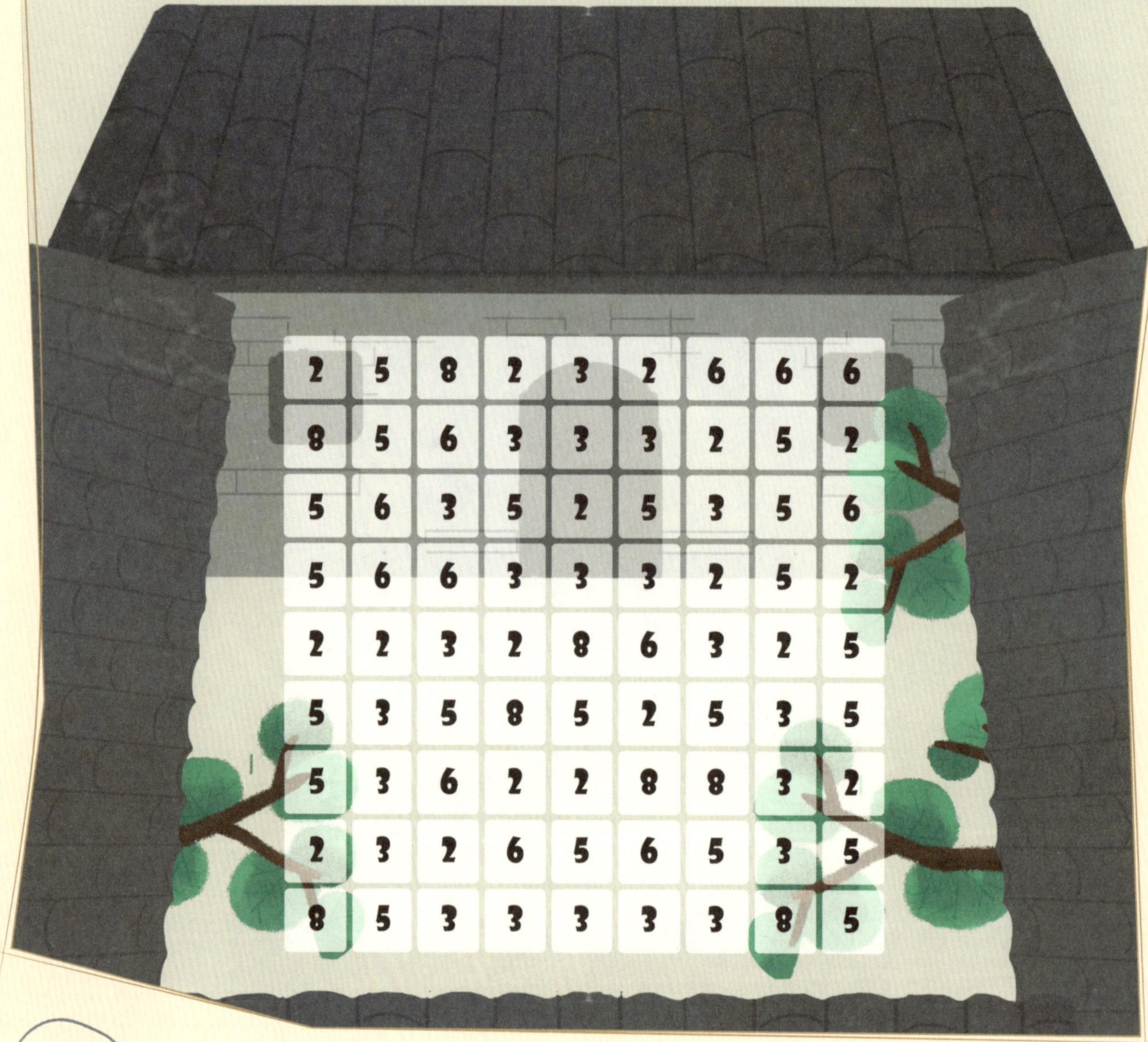

2	5	8	2	3	2	6	6	6
8	5	6	3	3	3	2	5	2
5	6	3	5	2	5	3	5	6
5	6	6	3	3	3	2	5	2
2	2	3	2	8	6	3	2	5
5	3	5	8	5	2	5	3	5
5	3	6	2	2	8	8	3	2
2	3	2	6	5	6	5	3	5
8	5	3	3	3	3	3	8	5

运动时刻：跳绳

跳绳一分钟为一组，一共跳三组。
数一数你跳了多少个：

第5天 北京“鸟巢”

“鸟巢”是2008年北京奥运会的主场馆。请你找找通往“鸟巢”的路吧！

运动时刻：跳绳

跳绳一分钟为一组，一共跳三组。数一数你跳了多少个：

第6天 美味的烤鸭

北京烤鸭的外皮又脆又香，里面的肉很嫩。吃的时候把片好的烤鸭放在小饼上，再加上葱丝、黄瓜条和甜面酱，非常鲜美。

请你按照的顺序横向画线（不能跳行），并数一数能卷（　　）个烤鸭饼。

运动时刻：跳绳

跳绳一分钟为一组，一共跳三组。
数一数你跳了多少个：

第 7 天　秦始皇陵兵马俑

兵马俑是秦始皇的陪葬品。下图中有一个奇怪的兵马俑和别的都不一样，请你把它找出来吧！

运动时刻：跳绳

跳绳一分钟为一组，一共跳三组。

数一数你跳了多少个：

第 8 天 华山峭壁

华山是我国的五岳之一，以险峻的山势、古老的寺庙和壮丽的自然风光而闻名。它被誉为什么呢？将下图中的书卷对着镜子照一照，你就能知道答案了。

运动时刻：跳绳

跳绳一分钟为一组，一共跳三组。
数一数你跳了多少个：

第 9 天 祖龙与四方神兽

传说祖龙是一种上古生物，是鳄鱼、恐龙、鸟类等动物的祖先。在中国神话中青龙、白虎、朱雀、玄武是分别代表东、西、南、北的四方神兽，考古专家曾在陕西西安发现了类似四方神兽的图案。请你顺着路线找到祖龙。千万小心！要注意躲开四方神兽的追捕。

运动时刻：跳绳

跳绳一分钟为一组，一共跳三组。
数一数你跳了多少个：

第 10 天　应县木塔

应县木塔是一座很高很古老的木头塔，是用很多块木头拼起来的，没有用到一颗钉子。你好奇它是什么样的吗？试试补齐下图中木塔的另外一边吧！

运动时刻：跳绳

跳绳一分钟为一组，一共跳三组。
数一数你跳了多少个：

第11天 《清明上河图》

《清明上河图》描绘了北宋都城汴京（今河南开封）清明时节的繁华景象。下图是《清明上河图》的一角，请你仔细观察，数一数，有（　　）个人。

运动时刻：拍篮球

拍篮球一分钟为一组，一共拍三组。
数一数你拍了多少下：

第 12 天　避暑山庄

承德避暑山庄风景秀丽，宛如山水画卷，清代皇帝夏天常去那里避暑、打猎。下面的五幅小图中，有四幅可以在大图中找到，只有一幅图例外，你能把它找出来吗？

运动时刻：拍篮球

拍篮球一分钟为一组，一共拍三组。
数一数你拍了多少下：

第 13 天　中原粮仓

河南省是我国的一个农业大省，被誉为“中原粮仓”，种植有小麦、玉米、花生等农作物。请你找到下图中所有的玉米，数一数，有（　　）个。

运动时刻：拍篮球

拍篮球一分钟为一组，拍三组。
数一数你拍了多少下：

第 14 天 泥人张

天津的泥人张彩塑是一种传统艺术品，用料讲究，栩栩如生。请你找到下图中所有的，数一数，有（　　）个。

运动时刻：拍篮球

拍篮球一分钟为一组，拍三组。
数一数你拍了多少下：

第 15 天　天津三绝

天津三绝分别是“狗不理包子”“十八街麻花”“耳朵眼炸糕”。请你按照  的顺序找到去小卖部的路吧！

注意：只能横向或竖向前进，不能斜着前进。

运动时刻：拍篮球

拍篮球一分钟为一组，拍三组。
数一数你拍了多少下：

第 16 天　大召寺的铜像

大召寺位于内蒙古自治区的呼和浩特市，寺内有青牛、白象和雪狮的铜像，它们有两米多高，非常壮观。请你数一数下图中每种动物的数量吧！

________　________　________

运动时刻：拍篮球

拍篮球一分钟为一组，拍三组。

数一数你拍了多少下：

第 17 天　希拉穆仁草原

内蒙古自治区的希拉穆仁草原风景优美。草原上的那达慕大会每年都有很多人参加，有射箭、摔跤、骑马、表演等活动。请你按照  的顺序找到出口，拿到入场券吧！

注意：只能横向或竖向前进，不能斜着前进。

出口是：____________

运动时刻：拍篮球

拍篮球一分钟为一组，一共拍三组。

数一数你拍了多少下：

第 18 天　巴丹吉林沙漠

内蒙古自治区的巴丹吉林沙漠是我国四大沙漠之一。观察下面每列数字，从 0 到 9 哪个没有出现？请找出并从左往右依次填写在空格中。

巴丹吉林沙漠是我国第 ☐ 大沙漠，面积约 ☐.☐ 万平方千米，年有效降水量不足 ☐ ☐ 毫米。

运动时刻：拍篮球

拍篮球一分钟为一组，一共拍三组。

数一数你拍了多少下：

第 19 天 张北草原丰富的活动

张北草原不仅适宜避暑和观光，也是开展各种户外活动的好去处。每个人都可以选择自己喜欢的活动，请你仔细观察下图，看看小力、小义、小珠分别选择的是哪种活动。

运动时刻：拍篮球

拍篮球一分钟为一组，一共拍三组。
数一数你拍了多少下：

第 20 天 云冈石窟拼图

云冈石窟的造像气势宏伟，内容丰富多彩，被誉为“中国古代雕刻艺术的宝库”。下面的雕塑拼图少了一块，请你从五个小拼图块中找出并圈出来吧！

运动时刻：拍篮球

拍篮球一分钟为一组，一共拍三组。
数一数你拍了多少下：

第 21 天 阿勒泰美食

阿勒泰地区有非常多的美食。小力列了一个美食清单，但是有一些遗漏。请你在表格中划掉他已经写出来的美食，然后把剩下的字组合起来，看看他遗漏了什么美食吧！

美食清单：手抓肉、烤全羊、奶茶、烤包子、炒米、果木烤肉、糖果、核桃、羊肉泡馍、拉面、烤鱼、糖葫芦、炒饭。

羊	桃	奶	泡	木	烤
手	糖	鱼	茶	肉	葫
面	抓	葡	烤	烤	芦
肉	饭	肉	炒	糖	包
烤	馍	全	米	拉	果
羊	果	萄	子	核	炒

运动时刻：跳绳

跳绳一分钟为一组，一共跳三组。

数一数你跳了多少个：

第 22 天　青藏高原

青藏高原是世界上海拔最高的高原，也很适合观星。今晚的星星特别多，请你数一数，图中有（　　）颗星星。

运动时刻：跳绳

跳绳一分钟为一组，一共跳三组。
数一数你跳了多少个：

第 23 天　塔尔寺的壁画

塔尔寺有艺术“三绝”：酥油花、壁画和堆绣。仔细观察下面的四幅小图，其中只有一幅可以在壁画中找到，其余都有一些不同之处，请你找出来吧！

运动时刻：跳绳

跳绳一分钟为一组，一共跳三组。
数一数你跳了多少个：

第 24 天 布达拉宫的故事

布达拉宫距今已有 1300 多年的历史。将下面文字中出现的字母划掉，然后将剩下的字组合在一起，就能知道布达拉宫背后的故事了。

公元 LDA7 世 KJF 纪初，松赞干布 LFA 迁都 CE 拉萨 DF 后，FA 在红山 AFA 之上修 FAC 建了包含千间 FADA 宫 FAF 殿的 FAFA 三座 GAGAD 九层 FAD 楼宇，取名 FAFD 叫布 FAD 达 FA 拉 AFA 宫。

运动时刻：跳绳

跳绳一分钟为一组，一共跳三组。

数一数你跳了多少个：

第 25 天 纳木措

纳木措位于西藏自治区，周围有许多稀有鸟类和其他野生动物。但是你知道纳木措是什么意思吗？按从左往右的顺序找出黑颈鹤所对应的文字，就可以知道啦。

运动时刻：跳绳

跳绳一分钟为一组，一共跳三组。
数一数你跳了多少个：

第 26 天　丝绸之路

丝绸之路在我国历史上特别有名，古人通过这条路将我国特色工艺、物产等带到了全世界。请你根据下面的描述圈出最受欢迎的物品。

1. 这个物品上出现了 3 种颜色；
2. 这个物品可以用来装东西；
3. 这个物品上有花纹；
4. 这个物品可以当装饰品；
5. 这个物品没有“耳朵”。

运动时刻：跳绳

跳绳一分钟为一组，一共跳三组。
数一数你跳了多少个：

第 27 天　青海湖的鸟儿们

青海湖是我国最大的湖泊，这里有特别多的珍稀鸟类。下图中有一种鸟只出现了一只，你能找出来吗？

运动时刻：跳绳

跳绳一分钟为一组，一共跳三组。
数一数你跳了多少个：

第 28 天　天山天池的神话传说

天山天池是一个充满神秘色彩的地方，这里不仅特别漂亮，还有美丽的神话传说。观察下图，按照正确的顺序读，你就能知道天山天池美丽的神话传说是什么啦。

运动时刻：跳绳

跳绳一分钟为一组，一共跳三组。
数一数你跳了多少个：

第 29 天 塔里木盆地周围的高山

塔里木盆地是我国最大的内陆盆地。这个盆地周围被高山包围，像一个盆一样，中间低，四周高。请你观察下面的三幅小图，在大图中找到它们，并将对应的数字写在横线上。

______

______

______

运动时刻：跳绳

跳绳一分钟为一组，一共跳三组。
数一数你跳了多少个：

第 30 天 吐鲁番的火焰山

火焰山那里的温度极高，被称为“火洲”，这是个神奇的地方，石头上可以烙大饼，沙窝里能煮鸡蛋。《西游记》中，孙悟空要经过这里，特地向铁扇公主借了芭蕉扇。请你走下面的迷宫帮孙悟空找到芭蕉扇吧！

运动时刻：跳绳

跳绳一分钟为一组，一共跳三组。
数一数你跳了多少个：

第 31 天　恩施大峡谷

恩施大峡谷被誉为全球最美丽的大峡谷，里面植物资源丰富。请你仔细观察下图，按照树叶从树上飞舞下来的路线，将树和树叶一一对应吧！

运动时刻：拍篮球

拍篮球一分钟为一组，一共拍三组。
数一数你拍了多少下：

第 32 天 草船借箭

草船借箭是我国古典名著《三国演义》赤壁之战中的一个故事。聪明的诸葛亮需要一些箭来打仗，于是他把草人绑在船上，让敌人以为是真的士兵。敌人果然上当了，纷纷向稻草人射箭。请你观察箭的方向，看看每艘船会借到几号箭。

运动时刻：拍篮球

拍篮球一分钟为一组，一共拍三组。

数一数你拍了多少下：

第 33 天 亚洲第一长河

长江是我国最长的河流，也是亚洲第一长河，江面上来来往往的船只特别多。下面的三幅小图分别对应大图中的哪个位置？请你圈出来吧！

运动时刻：拍篮球

拍篮球一分钟为一组，一共拍三组。
数一数你拍了多少下：

第 34 天　天下江山第一楼

黄鹤楼是湖北省武汉市的一座非常古老的塔楼，享有“天下江山第一楼”之称。历代文人墨客到此游览，留下不少脍炙人口的诗篇。下图中藏了许多数字，请你按照从 1 到 25 的顺序找到各个数字，并计时。

用时：__________

运动时刻：拍篮球

拍篮球一分钟为一组，一共拍三组。
数一数你拍了多少下：

第35天　武隆芙蓉洞奇观

武隆芙蓉洞是重庆的一个大型石灰岩洞穴。那里有很多奇怪的石头，像是一个地下艺术宫殿。请你认真看下面的图，找到最近的路线，从洞口一直走到洞的另一头，要加油哦！

运动时刻：拍篮球

拍篮球一分钟为一组，一共拍三组。
数一数你拍了多少下：

第 36 天　椰林沙滩寻宝记

海南岛是我国第二大岛，那里有温暖的气候、美丽的海滩和香甜的热带水果。请你数一数，下图中有（　　）种水果，把它们圈出来吧！

运动时刻：拍篮球

拍篮球一分钟为一组，一共拍三组。
数一数你拍了多少下：

第37天　峨眉风光

峨眉山位于四川省，风景优美，有丰富的动植物资源。请你在下图中找出五幅小图所对应的位置，并圈出来吧！

运动时刻：拍篮球

拍篮球一分钟为一组，一共拍三组。

数一数你拍了多少下：

第 38 天 对山歌

对山歌源于广西，是壮族群众喜欢的一种有趣的对唱活动，大家用自己编的歌来互相问答。请你在一分钟内记住下面这五种乐器对应的数字，然后将数字填在下面的方框里。

记住了吗？遮住图片开始填写吧！

运动时刻：拍篮球

拍篮球一分钟为一组，一共拍三组。
数一数你拍了多少下：

第 39 天　美丽的西双版纳

美丽的西双版纳有一片原始森林，那里有很多特别的动物和植物。下面的图中有五处是不应该出现在这里的，请你把它们圈出来吧！

运动时刻：拍篮球

拍篮球一分钟为一组，一共拍三组。

数一数你拍了多少下：

第 40 天　欢乐泼水节

泼水节是傣族等少数民族的传统节日。每年凤凰花开的时候，西双版纳就会举办盛大的泼水节。请你根据下面的线索在图中找一个人，并圈出来。

线索：正在泼水；不是红色衣服；头上戴花；盆是红色的。

运动时刻：拍篮球

拍篮球一分钟为一组，一共拍三组。

数一数你拍了多少下：

第41天 扎染艺术

扎染是一种有趣的手工艺术，通过用绳子扎结布料，然后染上颜色，做出漂亮的花纹。下面这张图是用扎染做的一幅画。把画上的数字按顺序用线条连起来，就知道染的是什么啦！快试试看吧！

运动时刻：拍篮球

拍篮球一分钟为一组，一共拍三组。
数一数你拍了多少下：

第 42 天　黄果树瀑布

黄果树瀑布是贵州省的一个非常壮观的大瀑布，水流从很高的地方倾泻下来，像一条巨大的白色丝带，非常美丽。请你数一数，下图中有（　　）个小动物。

运动时刻：跳绳

跳绳一分钟为一组，一共跳三组。

数一数你跳了多少个：

第 43 天　洱海碧波

洱海是云南大理的一个很大很美的湖泊。每年春天都会有很多海鸥飞到这里觅食。下图中有一只海鸥和其他海鸥长得不一样，请你找到它，并把它圈出来吧！

运动时刻：跳绳

跳绳一分钟为一组，一共跳三组。

数一数你跳了多少个：

第 44 天 西湖美景

西湖位于浙江省杭州市，湖光山色，美不胜收，吸引了许多游客前来划船游湖。请你在图中找出  ，并圈出来。

运动时刻：跳绳

跳绳一分钟为一组，一共跳三组。
数一数你跳了多少个：

第 45 天 乌镇水乡

乌镇是浙江省一个有很多古老房子的水乡小镇，那里有“小桥流水”，风景很美。请你在图中找出，并圈出来。

运动时刻：跳绳

跳绳一分钟为一组，一共跳三组。
数一数你跳了多少个：

第 46 天 盛京皇宫

沈阳故宫又称盛京皇宫，红墙青瓦，历史悠久，殿内还有很多画和雕刻，非常华丽。下面的宫殿照片中，有一个宫殿只有一张照片，请你把它圈出来吧！

运动时刻：跳绳

跳绳一分钟为一组，一共跳三组。
数一数你跳了多少个：

第 47 天　探秘北陵

清昭陵俗称北陵，位于辽宁省沈阳市，是清朝一位很厉害的皇帝皇太极的陵墓。请你在下面的迷宫中找出正确的路径吧！

运动时刻：跳绳

跳绳一分钟为一组，一共跳三组。

数一数你跳了多少个：

第 48 天　鸭绿江断桥

想了解鸭绿（lù）江断桥吗？观察下面每列数字，从 0 到 9 哪个没有出现？请找出并从左往右依次填写在空格中。

鸭绿江大桥是连接中国和朝鲜的一座大桥，后被炸毁。中方所剩残桥被称为“鸭绿江断桥”，其全长 ___ ___ ___ . ___ 米，断桥提醒着我们要不忘历史，珍惜和平。

5	2	7	1
8	1	6	3
2	0	3	5
3	8	1	7
0	3	0	3
7	9	5	5
5	7	9	6
4	7	2	9
2	0	6	8
1	1	2	4
6	5	8	3
4	6	1	0

运动时刻：跳绳

跳绳一分钟为一组，一共跳三组。

数一数你跳了多少个：

第 49 天　本溪水洞

本溪水洞位于辽宁省，是目前发现的世界上最长的地下充水溶洞。乘坐小船可以进洞游览奇妙景致，但下面只有一条路线能到达洞口，请你试着画出来吧！

运动时刻：跳绳

跳绳一分钟为一组，一共跳三组。
数一数你跳了多少个：

第 50 天　滨城风光

大连别称滨城，那里的海水特别清澈，当阳光照在海面上时，海水闪闪发光，像很多小星星在跳舞。下图的海滨场景中有五处不合理的地方，你能将它们找出来吗？

运动时刻：跳绳

跳绳一分钟为一组，一共跳三组。
数一数你跳了多少个：

第 51 天　长白山天池

长白山天池是我国最大的火山湖。传说，天池中隐藏着一种神秘的生物，被人们称为“天池水怪”。下图可能是“水怪”的图片，但被剪成了五个部分，并打乱了顺序。你能重新排列好吗？

1　2　3　4　5

正确顺序：□□□□□

运动时刻：拍篮球

拍篮球一分钟为一组，一共拍三组。
数一数你拍了多少下：

第 52 天 查干湖冬捕

每年冬季，查干湖湖面会结厚厚的冰，渔民们会用特制的冰钻在湖面上打洞捕鱼。请你在下图中画出正确的路线，去寻找已捕到的鱼吧！

运动时刻：拍篮球

拍篮球一分钟为一组，一共拍三组。
数一数你拍了多少下：

第 53 天　高句丽古迹

很久很久以前，有一个叫作高句（gōu）丽（lí）的王国，当时非常繁华，其石造建筑宏伟壮观。它的遗迹位于现在的吉林省。下面的五幅小图中，只有一幅在大图中找不到，你发现了吗？

运动时刻：拍篮球

拍篮球一分钟为一组，一共拍三组。
数一数你拍了多少下：

第 54 天 冰雪画廊

哈尔滨的冰雪画廊有很多用冰雪做成的艺术品。请你仔细观察下面的五幅阴影图，看看哪一幅与冰雪城堡完全一致。

运动时刻：拍篮球

拍篮球一分钟为一组，一共拍三组。
数一数你拍了多少下：

第 55 天　雪岭驯鹿

在我国的东北地区，有一个叫作大兴安岭的地方，那里有一大片森林，森林里生活着很多驯鹿。驯鹿又名角鹿。数一数，画面里有（　　）只驯鹿。

运动时刻：拍篮球

拍篮球一分钟为一组，一共拍三组。
数一数你拍了多少下：

第 56 天　齐齐哈尔烤肉

夜晚，在齐齐哈尔的街头，各种小摊超级热闹。请你按照的顺序，找到去往烤肉摊的路吧！

注意：只能横向或竖向前进，不能斜着前进。

运动时刻：拍篮球

拍篮球一分钟为一组，一共拍三组。
数一数你拍了多少下：

第 57 天　石油大王

大庆油田是我国最大的陆上油田，想了解更多油田的信息吗？观察下面每列数字，从 0 到 9 哪个没有出现？请找出并从左往右依次填写在空格中。

大庆油田开发于□□□□年，它就像一个超级大宝藏，地下藏着好多好多石油，工人叔叔们把它开采出来，能让汽车跑、机器转呢！

5	2	0	2
8	1	7	6
2	0	4	7
3	8	1	4
0	3	0	2
7	4	3	1
5	7	9	9
4	7	2	3
2	0	5	8
9	1	2	1
6	5	8	5
4	6	1	6

运动时刻：拍篮球

拍篮球一分钟为一组，一共拍三组。
数一数你拍了多少下：

第 58 天 五岳之首

泰山坐落于山东省中部，有“五岳之首”之称。下面的五幅小图中，只有一幅在大图中找不到，你发现了吗？

运动时刻：拍篮球

拍篮球一分钟为一组，一共拍三组。
数一数你拍了多少下：

第 59 天　潍坊风筝节

每年的春天，潍坊都会举办国际风筝节，很多爱好者会带着自己的风筝来参加。你能分别找出下图中每个人放的风筝吗？

运动时刻：拍篮球

拍篮球一分钟为一组，一共拍三组。

数一数你拍了多少下：

第60天 八仙过海

八仙过海的传说起源于山东蓬莱。传说，八位仙人要去赴宴，路过东海时，用各自的法宝渡海。何仙姑的法宝是下图中的一个物品，且这个物品在图中是没有重复的。你能帮何仙姑找出来吗？

运动时刻：拍篮球

拍篮球一分钟为一组，一共拍三组。
数一数你拍了多少下：

参考答案

第 1 天

第 2 天

第 3 天

第 4 天 葫芦

第 5 天

第 6 天 15

第7天

第8天

第9天

第10天

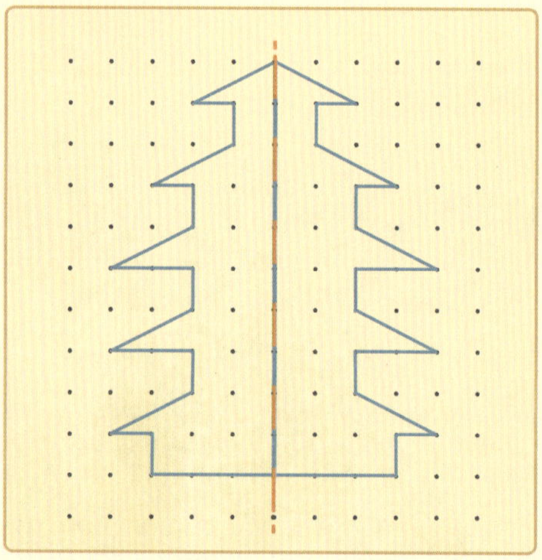

第11天 31

第12天

第13天 36

第14天 16

第15天 （答案不唯一）

第16天

14　12　10

第17天

第18天

巴丹吉林沙漠是我国第 3 大沙漠，面积约 4.7 万平方千米，年有效降水量不足 40 毫米。

第 19 天

第 20 天

第 21 天

第 22 天 31

第 23 天

第 24 天

公元 ~~LDA~~7 世 ~~KJF~~ 纪初，松赞干布 ~~LFA~~ 迁都 ~~GE~~ 拉萨 ~~DF~~ 后，~~FA~~ 在红山 ~~AFA~~ 之上修 ~~FAG~~ 建了包含千间 ~~FADA~~ 宫 ~~FAF~~ 殿的 ~~FAFA~~ 三座 ~~GAGAD~~ 九层 ~~FAD~~ 楼宇，取名 ~~FAFD~~ 叫布 ~~FAD~~ 达 ~~FA~~ 拉 ~~AFA~~ 宫。

公元 7 世纪初，松赞干布迁都拉萨后，在红山之上修建了包含千间宫殿的三座九层楼宇，取名叫布达拉宫。

第25天 天湖

第26天

第27天

第28天

中国神话中，天山天池被认为是西王母的居所。据传说，西王母在天池宴请了周穆王，留下千古佳话。天池古称“瑶池”，就是源于这个美丽的传说。

第29天

第30天

第 31 天

第 32 天

第 33 天

第 34 天

备注：题目中为异形舒尔特，相较普通舒尔特方格更难，可适当放宽时间要求，越快越好，仅供参考。

5×5 舒尔特方格参考成绩				
等级	3~5 岁	6~10 岁	11~17 岁	18 岁以上
优	35 秒内	28 秒内	25 秒内	20 秒内
良	36~45 秒	29~34 秒	26~29 秒	21~25 秒
及格	58 秒内	45 秒内	35 秒内	30 秒内

第 35 天

第 36 天 6

第37天

第38天

第39天

第40天

第41天

第42天 7

第43天

第44天

第45天

第46天

第47天

第48天

鸭绿江大桥是连接中国和朝鲜的一座大桥，后被炸毁。中方所剩残桥被称为“鸭绿江断桥”，其全长944.2米。断桥提醒着我们要不忘历史，珍惜和平。

第49天

第50天

第51天

第52天

第53天

第54天

第55天 6

第56天

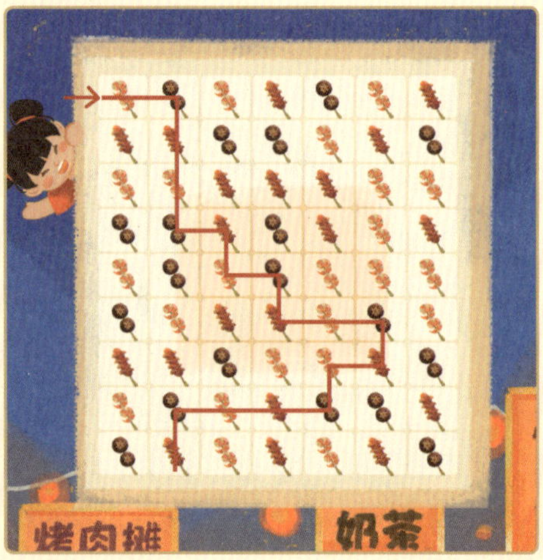

第57天

大庆油田开发于1960年，它就像一个超级大宝藏，地下藏着好多好多石油，工人叔叔们把它开采出来，能让汽车跑、机器转呢！

第58天

第59天

第60天